聪明的孩子爱提问

兔子的门牙为什么那么长？

[西班牙] 罗瑟·路易斯 | 著

[西班牙] 劳拉·阿比纽尔 | 绘　杨子莹 | 译

中信出版集团 | 北京

图书在版编目（CIP）数据

兔子的门牙为什么那么长？ /（西）罗瑟 · 路易斯著；（西）劳拉 · 阿比纽尔绘；杨子莹译 . -- 北京：中信出版社，2023.7

（聪明的孩子爱提问）

ISBN 978-7-5217-5699-9

Ⅰ . ①兔… Ⅱ . ①罗… ②劳… ③杨… Ⅲ . ①农场－儿童读物 Ⅳ . ① F306.1-49

中国国家版本馆 CIP 数据核字（2023）第 077902 号

兔子的门牙为什么那么长？
（聪明的孩子爱提问）

著　　者：[西班牙] 罗瑟 · 路易斯
绘　　者：[西班牙] 劳拉 · 阿比纽尔
译　　者：杨子莹
出版发行：中信出版集团股份有限公司
（北京市朝阳区东三环北路27号嘉铭中心　邮编　100020）
承 印 者：北京盛通印刷股份有限公司

开　　本：720mm × 970mm　1/16　　印　　张：4　　字　　数：50千字
版　　次：2023年7月第1版　　印　　次：2023年7月第1次印刷
京权图字：01-2023-0445
书　　号：ISBN 978-7-5217-5699-9
定　　价：79.00元（全5册）

出　　品：中信儿童书店
图书策划：好奇岛
策划编辑：明立庆
责任编辑：李跃娜　　营　　销：中信童书营销中心
封面设计：韩莹莹　　内文排版：王莹

目录

农场里有很多工作吗？

农场里生活着许多**动物**，它们每天都需要吃饭、清洁；农场里还长着许多**植物**，需要人们照料。此外，农场里还有许多**设施**需要维护，许多坏了的**工具**需要修理。农民们可是大忙人呢！

农民为什么要穿橡胶靴？

即使遇上刮风下雨等恶劣的天气，农场里的工作也不能停。照料蔬菜、喂动物、清洁马厩……做这些工作时，最好穿上**橡胶靴**，这样脚就不会被弄湿和弄脏了。

农场里有哪些动物呢？

在农场里养殖动物是为了从它们那儿**获得农产品**，例如鸡蛋、肉或羊毛，所以农场里有**鸡**、**猪**或**绵羊**等。许多年以前，农场里的**马**、**牛**或**驴**还需要帮人们干活。

但现在，人们的助手已经换成了拖拉机、收割机等机器。

农场里为什么有猫和狗？

农场里的狗和猫有自己的职责。狗负责**看家**，有陌生人靠近农场时，它们会汪汪叫。此外，它们中有的还得会**放羊**：陪伴和引导羊群，防止羊群迷路。猫负责把**谷仓**里的老鼠赶尽杀绝，没有一只老鼠能逃出猫的魔爪！

猪是肮脏的动物吗？

实际上，猪是非常爱干净的动物，如果有足够的空间，它们绝不会把吃饭和睡觉的地方弄脏。没错儿，它们是喜欢在泥泞中打滚，但这是为了让体温下降，清除寄生虫以止痒，使皮肤保持良好的状态。没有什么比泥浴更适合养颜了！

猪吃什么？

猪什么都吃，蔬菜啦，谷物啦，水果啦，但要说它们真正爱吃的东西，那就是**橡子**啦，这对它们来说是一种真正的美味！此外，猪还吃昆虫和蚯蚓等，还有人吃过的残羹剩饭。然而，许多农场中的猪都是用**饲料**喂养的。

兔子的门牙为什么那么长？

兔子的门牙会**不停生长**，所以看上去才会这么长！为了不让门牙变得太长，兔子会见到什么就啃什么，不断地磨牙，就好像要把它们锉平一样。

农场中的动物需要看医生吗？

动物们有时会生病或发生意外，一般情况下，农民自己就能把它们治愈。但当动物们病得很严重时，就需要兽医出马，来给它们看病了。

母鸡很胆小吗？

许多动物都很胆小，尤其是那些在野外随时可能被猎杀的动物。一有点儿风吹草动，它们拔腿就跑。鸡也有这样的**本能**。然而，当小鸡们需要鸡妈妈保护时，母鸡就会变成**勇敢的战士**！

母鸡吃什么？

多么美丽的
蚯蚓啊！

母鸡什么都吃。它们在围栏中游荡时，几乎看见什么吃什么，谷物啦，虫子啦，甚至是人们吃过的残羹剩饭。母鸡被关在笼子里时，一般只能吃饲料，饲料里含有母鸡所需的营养。

糟了！准没
什么好事等
着我！

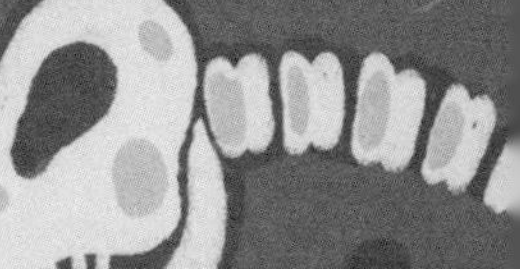

为什么有的鸡蛋是白色的，有的鸡蛋是棕色的？

商店卖的鸡蛋大多数都是**棕色**的壳，但也有**白色**的。这是因为母鸡的品种不同。一般来说，如果母鸡**耳垂**是白色的，它下的蛋就会是白色的；如果母鸡的耳垂是棕色的或红色的，那么它下的蛋就是棕色的。

牛粪有什么用？

虽然你可能不信，但牛粪等动物粪便的用处可是相当大呢。**粪肥**是用动物粪便和植物做成的，里面含有作物生长所必需的元素，所以粪肥才会被当成**肥料**。粪肥闻起来特别臭，但是用在田地里的效果很好，能帮助作物更好地生长。

怎么给奶牛挤奶？

为了让奶牛更好地产奶，我们必须给它们挤奶。有些农场的挤奶工作是由**机器**完成的，而传统的方式是**人工**挤奶。人工挤奶每天要进行两次。农民拿起一个小凳子，坐到奶牛身旁，用手轻轻按压它的乳房，来挤取牛奶。

挤好的牛奶或羊奶能直接喝吗？

刚挤出来的奶里可能会有细菌，所以必须**煮开**了再喝。从商店里买来的鲜奶是经过**巴氏杀菌**的，杀过菌的奶可以保存一段时间，等我们想喝的时候再拿出来喝。真好喝啊！

如何让奶牛每天都产奶？

雌性哺乳动物会给它们的幼崽喂奶，奶牛就是这样。为了让它们产奶，必须得先让它们生下一头小牛。之后一段时间，只要**定期**给奶牛**挤奶**，即使身边没有小牛，它们也会每天都产奶的。

一头奶牛每天要吃多少东西？

奶牛是草食性动物，吃麦秸、干草和其他植物。它们每天通常要花上六个小时进食，一天可以吃掉多达30千克的草料。为了让奶牛多产奶，我们可得好好喂养它们！

马是怎么睡觉的?

马的睡眠时间不像我们这么长，它们每天只睡大约三个小时，且分多次，每次只睡上很短一小觉。此外，它们休息时一般不会躺下，而是**站着睡觉**。这样它们能保持警觉，有危险时能及时跑掉。

马为什么要钉马掌？

我们把马的脚称为**蹄子**，它们非常坚硬，但也有可能**磨损**或**受伤**，尤其是当马在崎岖的地形上走路时。为了防止马受伤或滑倒，我们会给它们钉上马掌，马掌就相当于马的鞋子。

马为什么刚出生就会走路？

在大自然中生活的马可能会成为肉食动物猎食的目标。这就是为什么小马驹刚出生就会走路，一旦有**危险**出现，好能够**逃跑**。即使出生在安全的地方，小马驹也能很快站起来走路！

马都被圈养在家中吗？

在被人类驯化之前，马是生活在**大自然**中的。如今，大多数的马都和人类生活在一起，但有时候它们能**逃出马厩**，或**被人类放生**，这时它们就能回归到**野生状态**。

骡子是什么动物？

一般来说，动物只能和同物种的成员生育后代，但也有例外。比如，**母马**可以和**公驴**交配，生出的后代就是骡子。骡子兼具马和驴两种动物的特征。

驴子很愚蠢吗？

认为驴子愚蠢可就错得离谱啦！驴是**有耐心**的动物，具有很强的工作能力。但它们也很**固执**，天性**倔强**，所以有时会不服从人的命令。但固执和愚蠢可不是一回事儿！

为什么要给绵羊剪毛？

绵羊的毛，也就是羊毛，一年四季都在生长，到了冬天可以起到保暖的作用。但是绵羊的毛不会自己掉下去，如果春天不给它们剪毛，到了夏天它们就会很热。此外，过长的羊毛对绵羊来说可能会太重了。

羊毛是怎么变成毛衣的?

剪羊毛的时候，人们会把从羊身上剪下来的毛好好地进行**清洗**，为的是去除上面的污垢。然后开始**纺织**，这一环节可以手工完成，也可以用机器完成。接下来需要**染色**，并**绞纱**。结束后，我们可以想织什么就织什么啦。围巾、毛衣、手套、地毯……任你选！

绵羊为什么都聚在一起活动？

草食性动物发展出一项**自我保护**的技能，可以让自己免受捕食者的伤害，这种技能就是成群结队地活动。虽然它们已经被驯化很久了，整天生活在农场中，但这种“活动策略”还是保留了下来。多亏如此，小羊羔和瘦弱的成员才得到了保护。**团结就是力量**！

牧羊人为什么要带上一条狗？

绵羊们虽然成群结队地活动，但有时也会有个别成员迷路，或者羊群并没有朝着牧羊人计划的方向前进。这时候，就需要牧羊犬帮忙了，它能把迷路的绵羊引回正路，把羊群领到安全的地方。

有专门养蜜蜂的农场吗？

蜜蜂在大自然中筑巢，但它们经常把巢筑在很偏远的地方，人们很难到达。为了更容易地获得蜂蜜，人们建起了**养蜂场**。在那里工作的农民被称为**养蜂人**，他们负责照料蜂巢中的蜜蜂，为的是得到蜂蜡和蜂蜜等。

山羊是疯狂的动物吗？

你说我该怎么办？

和绵羊比起来，山羊更**不安分**。它们出生后并不安安静静地和妈妈待在一起，而是像疯了一样**到处乱跑**。长大后的山羊经常跳到非常陡峭的地方，而且几乎什么东西都能被它们吞进肚子里，所以西班牙有句俗语叫“像山羊一样疯狂”！

等你从那儿掉下来，我可要好好笑话你一通。

小鸡需要多长时间才能从鸡蛋里破壳而出？

并不是所有的鸡蛋都能孵出小鸡来，只有由公鸡授过精的鸡蛋才行。**大约20天**小鸡才能破壳而出，在孵化的这段时间里，鸡蛋需要很多热量，于是母鸡就得坐在鸡蛋上**孵蛋**。这样既能保护鸡蛋，又能让鸡蛋一直都暖乎乎的。

终于能见到光亮啦！那里边可把我憋坏了。

小鸡的羽毛颜色为什么和爸爸妈妈的不同？

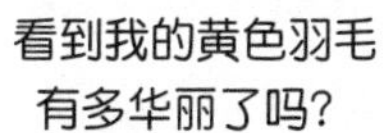

那你看看我的呢，多优雅啊！

许多动物幼崽的颜色都和它们爸爸妈妈的不同，这通常是为了**伪装和自我保护**，以免受到捕食者的伤害。一般来说，刚出生的小鸡羽毛是黄色的，在长大的过程中，毛色会发生改变。但也有黑色或棕色毛的小鸡，这要看具体是什么品种啦。

母鸡、公鸡和鸭子的叫声是什么样的？

动物的叫声是它们和同类**交流**的工具，可以提醒同伴有危险了，幼崽也是这样叫妈妈的。不同的动物叫声是不同的，母鸡会“**咯咯**”或“**咕咕**”地叫，公鸡会“**喔喔**”地打鸣，鸭子则会“**嘎嘎**”叫。

牛、马、驴、山羊和绵羊的叫声是什么样的？

有时，动物通过叫声来表明领地是自己的，或者表明自己喜欢或不喜欢某样东西；有时就是单纯地想叫而已！这些时候，奶牛会“哞哞”叫，马和驴会“咴咴”叫，绵羊和山羊则会“咩咩”叫。

小鸭破壳而出后会跟谁走？

小鸭破壳而出时，会环顾四周，发现有东西移动，就会**跟着走**。第一个映入眼帘的通常是它们的妈妈，但小鸭子也可能会把其他移动的东西**误认**成妈妈，比如农民的橡胶靴！

马厩里为什么有那么多苍蝇？

苍蝇要产卵时，得找到一个**温暖而潮湿**的地方，比如动物的粪便！不管一个马厩有多干净，只要有一丁点儿粪便残留下来，苍蝇就会抓住机会产卵进行繁殖。

有专门养蜗牛的农场吗？

蜗牛对很多人来说是一道美味佳肴。蜗牛不仅仅生活在野外，还有些生活在专门养蜗牛的农场！饲养蜗牛是在温室中进行的，那里的温度和湿度条件适合蜗牛生活，人们会喂养它们，直到它们长到合适的大小。

农场里都种什么植物?

农场里种的植物都是对人类有一定用途的，要么可以直接当**食物**，要么可以当某些产品的**原材料**。旱地上会种植谷物、橄榄树、豆类等，还会种一些蔬菜。如果土壤有水层，则可以种植**水稻**。

为什么好多水果的颜色都很鲜艳？

水果是一些植物的果实，也是植物繁殖的途径。它们能够保护植物的种子，为种子提供养分，还能帮助植物把自己的种子传播到很远的地方。因为许多水果既美味又颜色鲜艳，能够吸引动物们来吃。动物们吃了水果后，会把不能消化的种子带到其他地方，植物就有很大机会在那里生长啦。

胡萝卜是挂在植物上的吗？

胡萝卜是一种美味的蔬菜，富含维生素和矿物质，对我们的身体有很多好处。但如果你想找它，可别往树枝或树干处看，因为胡萝卜并不是果实，而是植物生长在地下的**根**！

为什么我们一年四季都可以吃到西红柿？

我们去市场采购时，会发现很多非应季的水果和蔬菜。这些产品通常来自**温室种植**，或世界上其他一些**气候不同的地区**。人们用卡车或船等交通工具把这些产品送到我们的市场上。

菜园里的西红柿什么时候成熟？

西红柿这种植物需要充足的**阳光**，所以最佳的播种季节在春季，这样它们才能得到足够的热量。西红柿大约需要三个月才能结果，所以**夏季**是菜园里西红柿最多的时候，这时的西红柿在阳光下成熟了，味道非常鲜美。快来准备一盘美味的沙拉吧！

什么是温室？

许多植物需要在特定的温度下生长，才能最终结出果实。因此，一些农民会在温室里种植植物。温室是一种**封闭的房间**，能够保护植物免受寒冷的侵袭。温室由塑料薄膜或玻璃等制成，这样阳光可以照进去，热量就可以留在里面了。

为什么有些植物需要在棍子上生长？

有些植物刚刚发芽时，茎非常纤细，不能直立，长大后才能直立。有些植物的茎无论什么时候都不能直立，**攀缘植物**就是这样的。农民会在它们身边放一些棍子，我们称之为支架。植物顺着支架**攀爬**就能更好地生长，风来了也不会被吹跑。

新土豆是怎么长出来的？

许多植物都是由种子生长发育而来的。种子的形状、大小和颜色可谓千差万别。但是，土豆是从哪里长出来的呢？答案是**土豆块**！你见过土豆生出的芽吗？想要得到新的土豆，需要种下的就是长芽的土豆块。

为什么有些辣椒很辣？

有些植物自身能生成可以**驱虫的物质**，为的是不让自己被虫子吃掉。这些物质有的没有毒性，但或多或少会有**刺激性**，这样昆虫和其他动物都会避开它们，某些很辣的辣椒就是这种情况。

南瓜都是橙色的吗？

南瓜的品种有很多，**形状**也有所不同：有长圆形的，有扁圆形的，还有瓢形的……**皮色**也不尽相同：醒目的橙色、黄色、绿色，有的表面还有斑纹……南瓜吃起来很美味。

过万圣节时为什么要用到南瓜？

爱尔兰有这样一个**传说**：一个叫杰克的人在万圣节之夜和魔鬼做了一笔交易。结局很糟糕，最终杰克受到了惩罚，只能带着用南瓜制成的**灯笼**在地球上到处流浪。于是，每年万圣节，人们都会用南瓜作装饰，来纪念这个传说。

为什么新采摘的水果味道更好？

我们买到的水果可能来自**很远**的地方，运过来需要一段时间；也可能已经在大冰箱里存放过一段时间了。有些时候，水果还没成熟就被人从树上摘了下来，之后才慢慢变成熟，**水分会缺失**，也不那么新鲜了。这就是为什么我们自己采摘的水果通常比买来的水果更多汁、更美味。

什么蔬菜能够在冬天生长？

在春天和夏天，蔬菜种类比较多，冬天蔬菜种类少一些，但我们也没有理由不吃蔬菜！在比较寒冷的那几个月里，菜园中有**甜菜、菠菜、香菜、卷心菜，还有甘蓝。**我们的选择也不少呢！

没耕作过的土地都是硬邦邦的。播种前犁沟和开沟后，水能更好地渗进土壤中，而且土壤能通气并释放更多的养分，这样**种子更容易发芽**，幼苗的根部会生长得更好。你可别忘了给花盆里的植物也松松土哟！

所有的稻草人都戴帽子吗？

为了让鸟儿不去吃庄稼的种子，也不去啄树上的果实，人们会用稻草做成人的样子放在田间吓唬它们。这些稻草人可以戴帽子，也可以不戴。事实上，什么东西都能派上用场，比如破布或旧光碟。

全世界的农场都种一样的东西吗？

农场中种的植物、养的动物都是对人类有用的。然而，因为地球上各个区域气候不同，所以农场中的植物种类也会**因为地域的不同而存在差异**。一般来说，一个区域在自然条件下盛产什么植物，农场上就种什么植物。

为什么很多西班牙的农场都生产罐头？

丰收的季节来临时，各种各样的果实会大批量成熟：西红柿啦，李子啦……为了把所有的果实更好地利用起来，人们通常会把其中一部分做成罐头，这样食物就**不容易变质**，可供人们全年享用。

为什么春天的庄稼是绿色的？

每种庄稼都有自己的**播种季**。有些庄稼可以秋季播种，冬季处于幼苗阶段，生长缓慢，等到春天**天气变暖和**，幼苗获得足够的能量，开始**快速生长**。长着这些谷物的田野因此变成了**绿油油**的一片，生机勃勃！

为什么到了夏天，庄稼就变黄了？

春天开始，气温越来越高，热量越来越充足，庄稼会在这样的条件下不断**生长**。于是嫩芽长啊长，直到结出了穗。植株开始一点儿一点儿地变干，颜色也变成了典型的**稻草黄**。初夏是收割谷物的季节。割下来的秸秆还可以用来喂动物。

很久以前，人们怎么加工葡萄？

现如今，有机器帮我们工作。但在机器出现之前，人们可是主要靠双手干活的，甚至**用脚**，比如在加工葡萄时。人们把葡萄摘下来以后，把它们全部放进一个大缸里，接着会有好几个人跳进去一起用脚踩。用来酿葡萄酒的**葡萄汁液**就是这么得来的。

什么是打谷场？

在过去，谷物收割下来后，农民会把它们带到耕地附近的广场上。这种广场是圆形的，地面坚硬平整。人们在那里**击打谷穗**，或在牛和马的帮助下碾轧谷穗，这样就能把谷粒和谷壳分开啦。

农民什么时候可以休息?

很多年前，农民们几乎**全年无休**，因为植物和动物每天都需要他们照顾。如今，有些工作已经可以由**机器**来完成了，比如喂牲畜、给奶牛挤奶。可是无论如何，**繁忙**的工作都不允许他们休息太久。

农民和牛仔的共同点是什么？

尽管他们的工作不太一样，却有一个共同点：**都要和牲畜打交道**，尤其是牛。农民主要负责饲养它们，牛仔则主要将牛群赶到适当的地方。“牛仔”的名字就是这么来的，意思是“管牛的男孩”。